I0076332

LA JOIE

DES

JEUNES MÉNAGES

LA JOIE

DES

JEUNES MÉNAGES

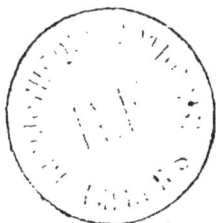

PAR

URBAIN D'AVENEL

ROUBAIX

IMPRIMERIE ADMINISTRATIVE ET COMMERCIALE

A. LESGUILLON

17-19, Rue du Vieil-Abreuvoir, 17-19

1874

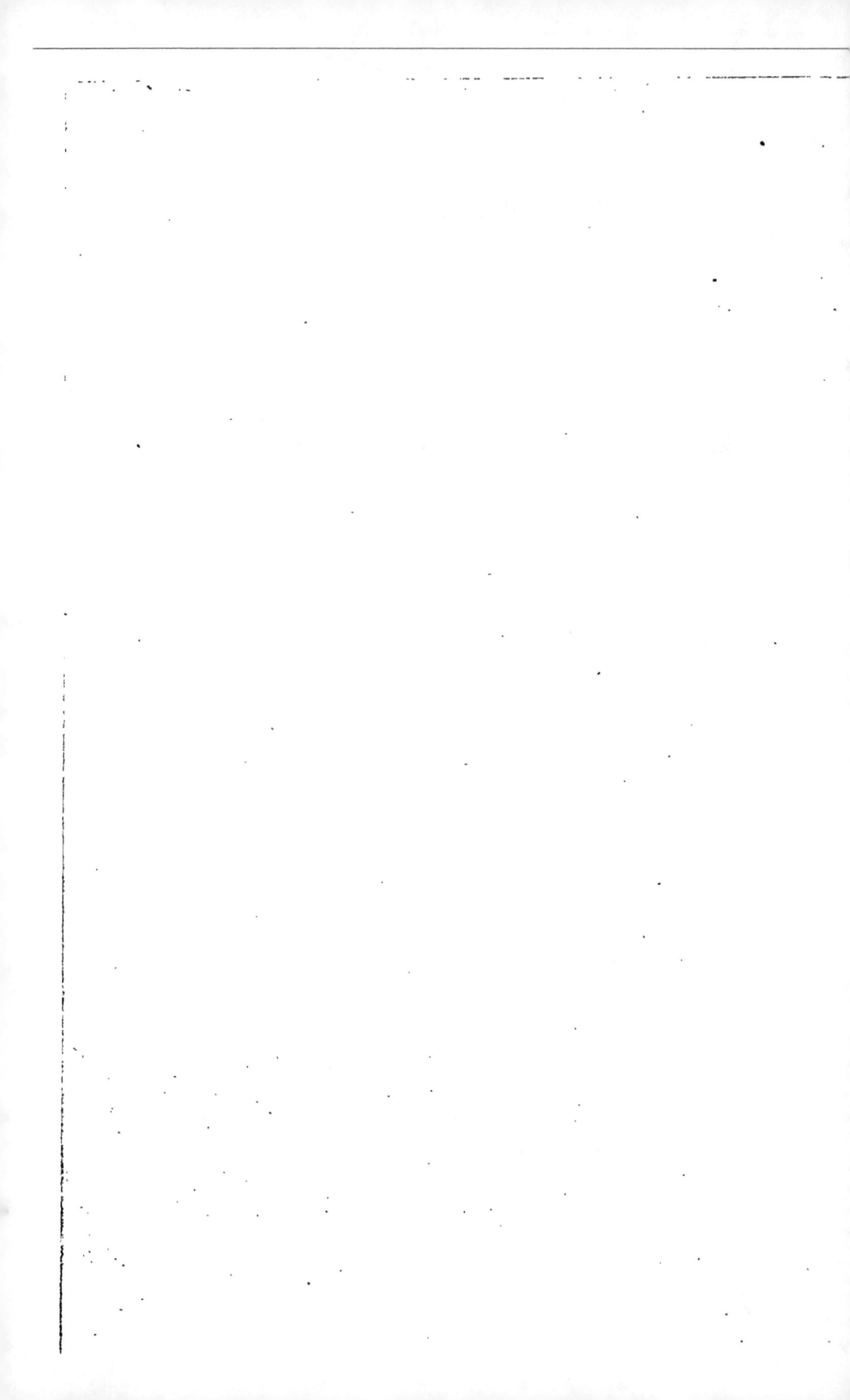

AVANT-PROPOS.

—

Je ne sais plus quel personnage a dit : « Si j'avais la main pleine de vérités, je ne l'ouvrirais pas pour en faire part à mes amis et connaissances ».

Eh bien! ce personnage était un franc égoïste, qui ne méritait pas d'être détenteur de vérités utiles, puisqu'il eût voulu les garder pour son usage exclusif ou bien les enfouir pour que personne n'en pût tirer profit.

Moi qui, pendant ma longue carrière, (entre nous, j'ai dépassé la centaine, chut! n'en dites rien!) n'ai découvert qu'une de ces vérités réputées introuvables, à l'égal de la quadrature du cercle et du mouvement perpétuel, je me suis fait un plaisir de la communiquer à tous ceux qui m'ont témoigné le désir de la connaître, et chaque confidence que j'en ai faite a eu des résultats qui m'ont fortifié dans ma croyance à l'efficacité des moyens que je vais proposer pour assurer *la joie des jeunes ménages.* Mais le cercle de mes relations est bien restreint et je voudrais que ce que je sais fût connu du monde entier.

Pour arriver à un but si éloigné ou, du moins, pour en approcher, il n'y a qu'un seul chemin : *la Presse.*

La Presse, en effet, franchit tous les espaces, parle toutes les langues, s'adresse à toutes les intelligences. Matériellement, ce n'est qu'un instrument passif à qui l'on fait rendre les sons les plus divers. Spirituellement, c'est la plus haute et la plus puissante expression de la

pensée humaine, ou bien l'organe corrupteur
des sentiments dépravés et des passions mau-
vaises; mais, comme l'usage que j'en veux faire
ne peut conduire qu'au bien, je m'engage réso-
lument dans cette carrière, tout encombrée qu'elle
soit, avec la conviction, quoi qu'il arrive, d'avoir
rempli un devoir, en dévoilant un mystère important que l'on cherche vainement à pénétrer
depuis le commencement du monde.

Mais le plus difficile n'est pas de proclamer
une vérité; c'est d'y faire croire.

Il faut un exposé clair et succinct des faits
sur lesquels cette vérité s'appuie. Il faut, sans
nuire à la clarté de l'expression, l'envelopper de
tous les artifices du langage correct et décent
de la bonne société, afin de ne point choquer
les oreilles délicates. Il faut enfin, par des
déductions logiques d'une force irrésistible, faire
accepter une idée neuve et originale et amener

insensiblement les plus incrédules à en faire eux-mêmes l'épreuve, ce qui, du reste, est bien facile...... dans le cas actuel.

Ne voulant pas sortir des limites étroites de ce qu'il est nécessaire de dire, je bornerai là ces réflexions préliminaires.

1

PRÉOCCUPATIONS MATERNELLES

—

Le titre seul de ce petit ouvrage qui est, sans vanité, plus intéressant qu'il n'est gros, indique, tout d'abord, que c'est surtout aux *jeunes ménages* qu'il s'adresse; mais ce n'est pas à dire pour cela que les ménages déjà sortis de la lune de miel, ne peuvent profiter également des bienfaits inappréciables que je viens leur offrir. Je ne fais exclusion de personne, chacun est libre de les accepter.

Dès le moment où une jeune femme ressent les premiers indices d'une situation nouvelle que les Anglais appellent avec raison *intéressante*, sa principale préoccupation est l'incertitude du sexe de l'innocente créature à qui elle devra bientôt prodiguer ses soins et ses caresses.

Sera-ce un garçon ou une fille ?

Grande question pour beaucoup de ménages et qui grandit en proportion du rang auquel ils appartiennent.

Mais comment la résoudre ?

La science, jusqu'à présent, n'a pas daigné s'en occuper, ou bien elle a reconnu son impuissance, sans vouloir en convenir, laissant ainsi le champ libre au charlatanisme et à la superstition.

Certes, je suis loin de nier l'efficacité des prières et je n'ai pas l'orgueil de vouloir assigner des bornes à la puissance divine; mais les miracles sont rares aujourd'hui, peut-être parce que nous ne méritons plus que Dieu déroge pour nous aux lois universelles que lui-même a établies.

Quoi qu'il en soit, l'attente d'un évènement dont rien ne fait prévoir la réussite, ne peut qu'augmenter l'impatience, l'anxiété de la jeune mère qui recèle en elle-même cet important secret.

Si c'est un fils qu'elle désire, son imagination enfante chaque jour de nouveaux projets sur l'éducation qui lui conviendra, sur la carrière vers laquelle il faudra diriger adroitement ses goûts sans les violenter; elle entrevoit déjà les succès de tout genre que le monde lui réserve et s'en enorgueillit par avance.

Si, au contraire, c'est une fille qu'on demande à Dieu — mais, généralement, on ne désire une fille que lorsqu'on a déjà un ou deux garçons, — si c'est une fille, avant qu'elle soit née, on songe à la bien marier. Selon les idées de la mère sur le rôle que la femme est appelée à remplir dans la société, il faudra orner son esprit, développer les grâces de sa personne, lui donner des talents à dose suffisante, non pas pour en faire une artiste, fi donc! mais pour qu'elle se rende agréable, pour qu'elle plaise, charme, séduise, afin de ne pas laisser échapper, dans l'occasion, un parti avantageux.

Ou bien on se dispose à lui enseigner tout ce qu'une femme doit savoir pour bien diriger son ménage, y introduire l'abondance sans prodigalité, l'économie sans avarice et pratiquer, comme dit Molière, le grand art de faire bonne chère avec peu d'argent.

Mais un art plus difficile encore qu'il faudra surtout apprendre à cette mignonne créature que l'on chérit déjà sans savoir si elle existera un jour, si elle surmontera tous les dangers qui, ordinairement, menacent l'enfance, c'est celui de rendre durable le sentiment qu'elle devra inspirer à son seigneur et maître; c'est celui de régner dans sa maison sans en avoir l'air, de dorer la bride avec laquelle on conduit l'équipage, de retenir un mari près de soi en l'obligeant à reconnaître qu'il serait moins bien ailleurs.

Chez les ouvrières, la préoccupation n'est pas aussi grande. Garçons et filles sont également voués au travail. Seulement, les garçons gagnent davantage et se marient plus tard.

Dans la classe la plus élevée, on tient avant tout à la perpétuité du nom. Qu'on soit un Montmorency, un Larochefoucault ou bien un Montebello, un Albuféra, il est également triste de voir s'éteindre une illustre lignée. Aussi, le premier garçon que le Ciel envoie dans les nobles familles est-il toujours le bien-venu.

C'est pour favoriser l'accomplissement de ces différents souhaits également légitimes que j'ai voulu écrire ce petit livre.

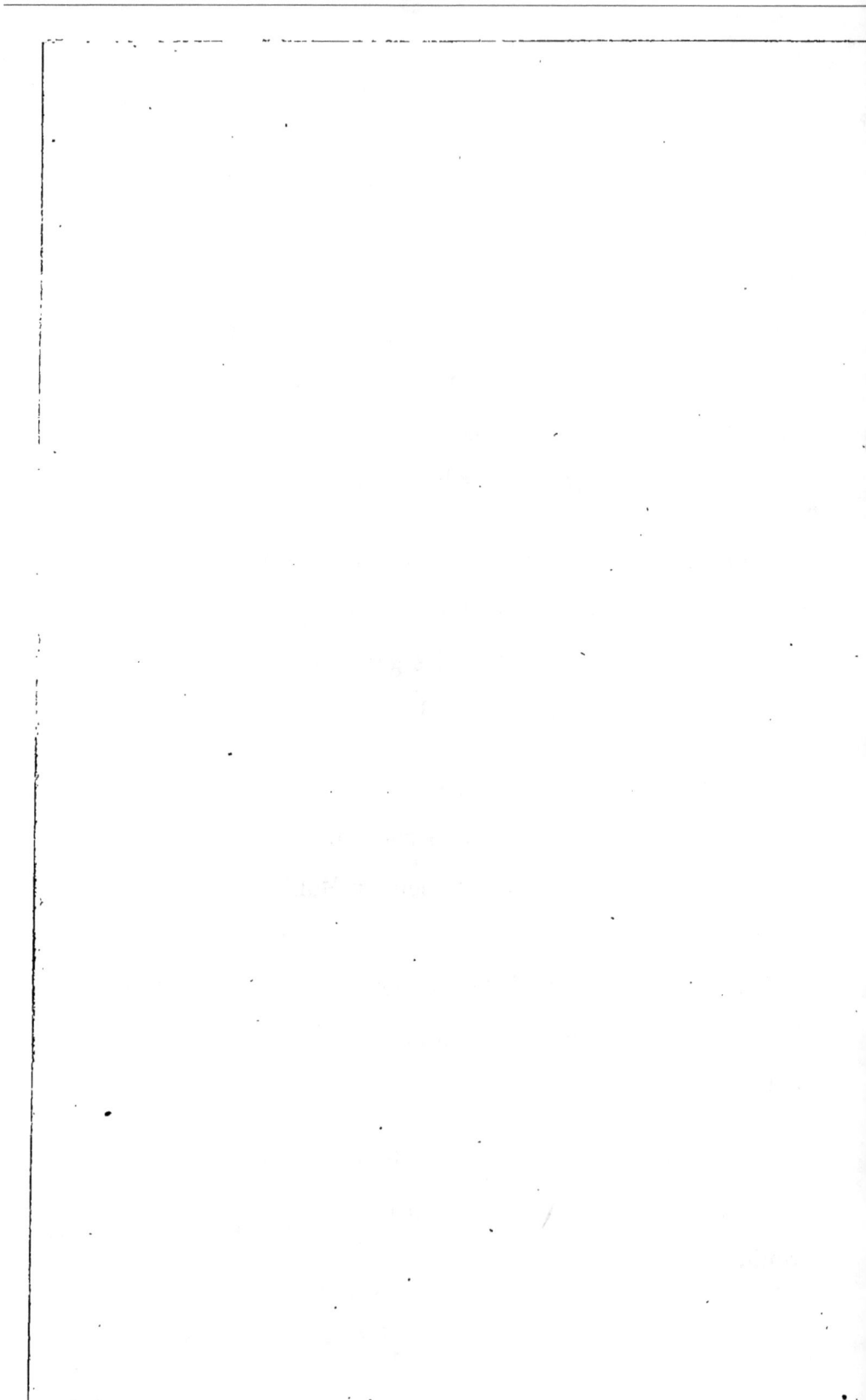

II

QU'EST-CE QUE LE HASARD ?

—

L'opinion la plus générale sur le sujet que je traite, c'est que le hasard seul décide du sexe de l'enfant.

Qu'est-ce donc que le Hasard ?

Est-ce une divinité de second ordre qui fixe à son gré les destinées de tout le genre humain ? — Nous retombons alors en pleine mythologie.

Pour que ce dieu inconnu décide, il faut qu'il soit une *intelligence*. Ce n'est donc plus le

Hasard. S'il opère sans savoir ce qu'il fait, ce n'est plus une cause, ce n'est plus même un agent ; ce n'est RIEN. — Et ce RIEN prendrait une part immense dans l'œuvre de la création ! Il distribuerait aveuglément des garçons à ceux qui désirent des filles, et des filles à ceux qui demandent des garçons, sans leur permettre de choisir dans le tas ! — Allons donc ! Ce qui n'est rien peut-il faire quelque chose.

Si l'on se donnait la peine de réfléchir, on verrait que la race humaine n'est pas seule soumise à cette loi mystérieuse de la diversité des sexes ; animaux terrestres, oiseaux, poissons, tout ce qui existe, marche, vole, rampe ou nage, ne pourrait se reproduire sans l'accouplement du mâle et de la femelle. Est-ce donc aussi le hasard qui a dicté cette règle immuable où se manifeste la plus profonde sagesse ?

Non, ce n'est pas le hasard ; car le hasard n'est

qu'un mot inventé pour dissimuler l'ignorance. —
Faire intervenir le hasard dans les œuvres de la
nature, c'est de la stupidité.

Il y a une raison à toutes choses, même aux
jeux improprement appelés *Jeux de hasard*.

Quand une boule lancée dans un certain espace
décrit plusieurs cercles en tournant sur elle-même,
pourquoi s'arrête-t-elle sur telle couleur plutôt que
sur telle autre? — C'est le hasard, dit-on. — Non,
c'est que l'impulsion qu'elle a reçue cesse de produire son effet et qu'elle ne peut plus tourner
davantage ; mais quand on sera parvenu à calculer
la vitesse du mouvement de rotation et le degré de
force nécessaire pour faire arriver la boule jusqu'à
la couleur choisie, la roulette sera reconnue jeu
d'adresse et non jeu de hasard.

En doutez-vous? — Voyez un fort joueur de bil-
lard diriger sa bille avec une telle précision qu'il
est toujours sûr de toucher les deux autres billes,

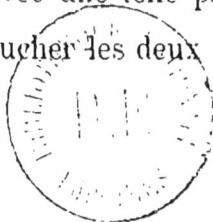

2

quelle que soit la distance qui les sépare l'une de l'autre. Il n'y a point là de hasard ; mais combien il a fallu d'étude et de pratique pour arriver à cette sûreté d'exécution qu'on pourrait appeler l'intelligence de la main !

Cessons donc de croire au hasard. Détrônons le hasard et cherchons en tout le *Pourquoi de la chose*.

III

LE POURQUOI DE LA CHOSE.

—

Ce premier point convenu que le hasard n'est *rien* et que ce qui n'est *rien* ne peut rien produire, il faut bien chercher une cause physique à un fait purement physique. — Mais la conformation d'un mâle est si différente de celle d'une femelle qu'une même cause n'a pas pu produire ces deux effets. — Il y a donc deux causes, et elles sont si bien cachées, que la pauvre humanité, agissant en aveugle, ne sait pas encore distinguer l'une de l'autre.

Essayons pourtant de lever un coin du voile......

ne fermez pas le livre, madame, je n'écrirai rien
que vous ne puissiez lire et vous avez tout intérêt
à suivre ma démonstration jusqu'au bout.

Si vous êtes maîtresse de maison, il a pu vous
arriver de faire servir sur votre table une jeune
poule et même de la découper. Vous avez dû
remarquer alors que, dans le corps du pauvre
volatile, se trouve une sorte de grappe composée
d'un grand nombre de globules, les uns presque
imperceptibles, les autres parvenus à différentes
grosseurs, souvent même, parmi eux, on trouve
plusieurs jaunes d'œufs bien caractérisés; il n'y
a donc pas le moindre doute que ce ne soit là
le foyer de la reproduction de l'espèce.

Mais vous n'avez, peut-être, pas fait attention à
une particularité importante; c'est que la grappe
dont il s'agit est toujours divisée en deux parties,
non pas superposées, mais tournées chacune vers
l'un des flancs de l'animal; preuve certaine que

l'une de ces parties contient la graine des œufs qui, étant fécondés, eussent donné naissance à de beaux petits poulets, et l'autre partie les œufs d'où seraient sorties de jolies petites poules, si l'on n'avait pas interrompu le cours de la nature en sacrifiant la jeune mère à vos fantaisies gastronomiques.

Eh bien ! Madame, cette conformation constitutive, qui distingue la poule de son coq et lui donne les facultés reproductrices, est aussi la vôtre. — C'est un fait constaté par l'anatomie. Vous avez aussi la double grappe et d'autres choses encore qui vous seront expliquées, s'il y a lieu.

Pourquoi, d'ailleurs, la femme ferait-elle exception dans l'interminable nomenclature des êtres vivants, puisqu'elle a été créée pour la même fin que toutes les femelles possibles ?

Ne vous offensez pas, Madame ; ce qui serait

une véritable insulte, c'est la supposition que les femmes sont faites uniquement pour soigner la cuisine de leur mari et pour raccommoder son linge. La preuve que votre sexe a reçu de Dieu lui-même une mission plus noble et plus sainte, c'est le respect dont on entoure une bonne mère de famille et la secrète compassion qu'on éprouve pour une épouse frappée de stérilité.

IV

CONTINUATION DU POURQUOI DE LA CHOSE.

—

Si je me suis contenté, dans le chapitre précédent, de signaler la conformation de la poule comme une cause — passive si l'on veut — de la différence des sexes chez les volatiles, ce n'est pas faute d'exemples analogues dans les nombreuses espèces qui composent ce qu'on appelle le règne animal ; mais parce que le fait cité plus haut est le plus connu et le plus facile à vérifier.

J'ai ajouté que, pour l'objet qui nous intéresse, la conformation de la poule est aussi celle de la femme. — Ceci exige d'autres preuves et il faudra les emprunter à la science ; car, dans les usages du monde, une femme ne se découpe pas comme une poularde du Mans.

Or, la science la plus positive est, sans contredit, l'anatomie. Les savants qui la professent connaissent tous les détails extérieurs et intérieurs des sujets défunts abandonnés à leur scalpel. Eh bien ! ce sont ces mêmes savants qui nous apprennent que l'*ovaire* — ce que nous appelons tout bonnement la grappe — existe aussi bien dans le corps de la femme que dans celui de la poule. Seulement, une circonstance les a longtemps embarrassés : c'est que l'ovaire se trouve placé en dehors de ce réduit nuptial que les latinistes appellent *uterus* (ouvrez le dictionnaire et vous saurez ce que c'est). Comment, disaient-ils, ce globule qui va devenir un œuf d'où sortira plus tard un petit être vivant, pourra-t-il se former dans l'*uterus*, si l'entrée lui en est interdite ? Mais un jour, un savant plus observateur que les autres, découvrit deux passages secrets à droite et à gauche de l'appartement principal ; comme on dirait deux escaliers dérobés.

D'observation en observation, notre savant, qui s'appelait Fallope, reconnut qu'à un certain point de la gestation (ouvrez encore le dictionnaire), le globule fécondé se détachait de son ovaire et descendait dans l'*uterus* par l'un de ces deux conduits qu'on appelle, depuis lors, les *trompes de Fallope*.

Ici, je prévois une objection à laquelle je dois m'empresser de répondre. Voici d'abord l'objection :

Dans ce système, on comprend parfaitement le rôle que joue l'ovaire chez les poules dont la fonction est de nous donner des œufs ; mais ni dans ce siècle, ni dans les siècles précédents, les femmes n'ont jamais pondu. Donc, la similitude n'existe pas.

Je réponds à cela que les femmes et les poules ont pondu dans tous les temps et pondront jusqu'à la fin du monde ; mais pas de la même manière.

D'abord, qu'est-ce qu'un œuf avant sa sortie du corps de la poule ? Un peu de liquide jaune et blanc renfermé dans un sac très-mince qui ne durcit qu'au contact de l'air.

L'œuf de la femme, à son entrée dans l'*uterus*, est aussi un liquide contenu dans un petit sac de forme sphérique. Voilà pour la similitude.

Le premier s'appelle œuf ; le second *fœtus*.

Dans certaines saisons, une bonne poule pond un œuf tous les jours. — Je n'ai pas besoin de dire qu'une bonne femme y met beaucoup plus de temps — et c'est encore là un motif de plus pour admirer la sagesse infinie qui éclate dans toutes les œuvres de la création. Où en serions-nous, mon Dieu ! si les femmes étaient aussi fécondes que les poules !

Mais heureusement cette fécondité extraordinaire est le partage des êtres destinés à être mangés et non de ceux qui mangent les autres.

Revenons à notre similitude.

Je disais donc que le *fœtus* est enfermé dans un petit sac de forme sphérique. Ce sac n'est pas autre chose que le globule détaché de l'ovaire. A mesure que le *fœtus* grandit et prend une forme humaine, le sac se dilate comme ces ballons en caoutchouc qu'on promène au bout d'une perche dans les foires et marchés. Bientôt l'enfant se débarrasse lui-même de ce vêtement incommode. Parfois sa tête en reste couverte jusqu'au moment de la délivrance ; mais c'est rare. — De là vient ce vieux dicton en parlant d'un homme qui réussit dans tout ce qu'il entreprend : *Il est né coiffé.*

Pour ne pas perdre le fil de mon discours, je vais rappeler succinctement les différents points que j'ai déjà traités :

I. — C'est un désir que toutes les mères et beaucoup de pères éprouvent de connaître à l'avance le sexe auquel appartiendra leur progéniture.

II. — Le hasard qui n'est rien ne peut être l'auteur de la différence des sexes. A tout effet physique, il faut une cause physique.

III. — En découpant une poule, on aperçoit une grappe qui est le foyer de la reproduction de l'espèce. Cette grappe, qui n'existe pas chez les poulets, se compose de deux parties distinctes.

IV. — Les anatomistes ont trouvé aussi la grappe chez les femmes et l'ont appelée *ovaire*. L'un d'eux a découvert les deux conduits latéraux qui communiquent de l'ovaire à l'*uterus*. Par l'un de ces conduits descendent les globules mâles, par l'autre les globules femelles.

Ces premiers jalons ainsi posés, je reprends ma démonstration :

Mais, un moment..... j'entends à mon oreille une voix douce qui m'adresse timidement cette question : — « Et les jumeaux, d'où viennent-ils ? » — Ma chère dame, les jumeaux, qu'ils soient deux, trois ou même quatre, viennent évidemment de la même région que l'enfant qui arrive seul. Vous le savez bien ; aussi le but de votre question est-il de m'obliger à vous dire comment il se fait qu'une action toute simple puisse avoir des effets multiples. — Hum ! voici qui devient scabreux.

Permettez-moi de réfléchir avant de répondre et de vous dire, en attendant, une historiette qui terminera ce chapitre.

Dans les villes de garnison, c'est un plaisir que de voir les militaires s'exercer au tir à la cible. Il y a des soldats qui, visant avec justesse et sans précipitation, mettent dans le noir autant de balles qu'ils ont de cartouches dans leur giberne, tandis que, d'autres plus maladroits ou moins bien armés, brûlent leur poudre sans jamais gagner un seul point.

C'est ainsi qu'en toute espèce d'ouvrage, il faut opérer avec mesure et réflexion, savoir bien ce qu'on veut faire, et s'abstenir de transitions trop brusques qui donnent des résultats inattendus et vous éloignent du but que vous vouliez atteindre.

Vous souriez malicieusement ; — je vois que vous commencez à comprendre, et cependant vous ne savez encore que la moitié de la vérité. — Il me reste à vous dévoiler l'autre moitié.

V

L'AUTRE MOITIÉ DE LA VÉRITÉ.

—

Savoir que la séparation des sexes se manifeste dans l'ovaire, c'est déjà quelque chose; mais ce n'est pas tout. La première question qui va se présenter est celle-ci : — De quel côté se trouve le masculin? de quel côté le féminin? — Pour la résoudre, nous allons sortir du domaine de la science et passer dans celui de l'expérimentation, en recueillant les indices les plus futiles en apparence pour faire jaillir la lumière qui doit éclairer un sujet si obscur.

Quand un juge habile dirige l'instruction d'une affaire criminelle, il ne néglige rien; un brin d'herbe froissé, une tige brisée, une empreinte dans le sable, un morceau de ciment tombé d'un mur, tout se classe et se lie dans son travail.

A-t-on jamais pensé à rechercher pourquoi, dans les pays civilisés, lorsqu'un homme offre le bras à une femme qui n'est pas la sienne, il lui présente invariablement le bras droit, tandis que, si deux époux sortent ensemble, la femme s'empare inévi- tablement du bras gauche de son mari ? — C'est l'usage, dira-t-on ; mais tout usage a une cause, un commencement, une raison.

Cherchons donc la raison pour laquelle un mari donne le bras gauche à sa femme plutôt que le bras droit.

Suivant un axiome vieux comme le monde, le genre masculin est plus noble que le féminin. — Pourquoi est-il plus noble ? — C'est que la femme, suivant la Genèse, procède de l'homme et non pas l'homme de la femme.

Un savant, qui est en même temps un homme d'esprit, définissait un jour, dans une conférence publique, la valeur arithmétique de chaque sexe. « L'homme, » disait-il, « est égal à 1. En s'unissant » à la femme, qui est égale à 0, il décuple sa puis- » sance et devient 10. — La femme, en s'unissant » à l'homme, acquiert le dixième de la puissance » de celui-ci et devient 01. »

Ce calcul manque de politesse ; mais les mathé- maticiens sont les gens les plus impolis du monde.

Pour moi, qui ne suis pas mathématicien, je me range plus volontiers à l'opinion commune qui, de deux époux, fait un tout dont chacun est la moitié, en accordant, toutefois, une certaine prééminence à celui que la loi institue le tuteur de l'autre.

Cette prééminence est en quelque sorte visible par la place que chacun d'eux occupe d'ordinaire, relativement à son conjoint.

S'ils marchent ensemble, ainsi que je l'ai dit plus haut, l'homme prend instinctivement la droite et la jeune femme se place à gauche avec un sentiment de fierté ; car pour les passants, cela veut dire : vous pouvez me regarder ; je suis mariée.

A table, le père de famille occupe la place d'honneur et la mère s'assied à sa gauche ou vis-à-vis de lui.

Dans les églises où l'on sépare les sexes, le côté droit appartient aux hommes, le côté gauche aux femmes.

A la cour, dans les grandes cérémonies, le souverain trône dans le fauteuil de droite, son épouse dans celui de gauche.

Pourquoi, avant d'entrer dans le monde, les globules de l'ovaire, qui ont leur destination arrêtée d'avance, ne seraient-ils pas rangés dans la position qui leur sera dévolue plus tard, c'est-à-dire, les femelles à gauche, les mâles à droite ?

Ceci n'est encore qu'une faible lueur ; mais ne la perdons pas de vue.

VI

QUEL CHEMIN FAUT-IL PRENDRE ?

—

Je n'ai fait que poser la question à la fin du chapitre précédent, pour laisser à mes lecteurs le plaisir de la résoudre, et je crois, entre nous, qu'ils n'ont pas hésité dans leur jugement.

En effet, il est évident que la mère — qu'elle soit femme, poule, chatte ou brebis, il n'importe — recèle dans son flanc droit sa postérité masculine et dans le gauche sa descendance féminine.

Ce fait acquis au procès, laissons les animaux se débrouiller comme ils peuvent dans leur occupation reproductrice, et revenons à la douce compagne de notre existence..... ne riez pas de l'adjectif; car elle sera d'autant plus aimable envers son mari, et elle l'aimera d'autant mieux, qu'il aura acquis le moyen d'accomplir ses vœux les plus chers.

Reprenons pour cela notre rôle de juge d'instruction.

Nous avons appelé l'attention sur la place que nos usages assignent ordinairement aux personnes mariées, à la promenade, à table, à l'église et jusque sur le trône; mais nous n'avons pas pénétré dans l'ombre mystérieuse de l'alcôve, et c'est là pourtant qu'il faut arriver le plus discrètement possible.

Vous allez me dire que cet endroit est à peu près le seul où l'usage se soit abstenu de régler le cérémonial et où les époux se placent comme il leur convient.

C'est, ma foi! fort heureux; car si l'usage, ce despote parfois intelligent, eût posé, comme règle invariable, que la femme présenterait toujours et partout le même côté à son mari, il ne viendrait plus, en fait d'enfants légitimes, que des individus du même sexe, ce qui avancerait de beaucoup le jour du jugement dernier.

Vous voyez bien que ce n'est pas le hasard qui arrange ces choses-là.

Mais il fait grand jour, les rideaux sont ouverts, les stores levés, l'appartement est inondé de lumière; monsieur et madame l'ont quitté pour vaquer à leurs occupations; la femme de chambre ou la bonne n'a pas encore commencé son service; jetons un coup d'œil sur le lit. Hier soir, il était relevé avec soin et présentait de l'oreiller au pied une surface horizontale parfaitement plane. Ce matin, il forme au milieu une vallée dont les bords du lit sont les coteaux.

Deux personnes livrées au sommeil se sont éten-
dues sur ces deux coteaux dont les pentes con-
traires les ont naturellement inclinées l'une vers
l'autre.

Mais on ne dort pas toujours et l'idée a bien pu
venir à monsieur de demander s'il fait jour chez
madame. Dans ce cas, les convenances exigent que
ce soit *lui* qui se rende chez *elle* et non pas *elle*
chez *lui*. De sorte que celle des deux personnes
qui ne s'est pas dérangée reste sur le plan incliné
où elle s'était placée en se couchant.

Dans cette situation, qu'arrive-t-il ?

— Cher lecteur, connaissez-vous le port de Dunkerque ? — Non. — Eh bien ! je vais vous en faire
la description :

L'entrée de ce port est un long chenal formé par
deux estacades qui s'avancent vers la pleine mer.
A l'extrémité de ce chenal, se trouve un banc de

sable qui en interdirait l'accès si le flux et le reflux
n'y maintenaient constamment deux passes ouvertes
aux navires, l'une à droite, l'autre à gauche du port.
Selon les circonstances, le pilote expérimenté choisit
la passe qui lui convient le mieux et il dirige son
gouvernail vers cette passe préférée qui le conduira
sûrement au but de son voyage.

Si vous n'avez pas oublié ce que j'ai dit au chapitre IV, vous comprenez déjà que les deux passes
du port de Dunkerque ressemblent fort aux deux
conduits découverts par le docteur Fallope et que
le pilote, c'est vous.

Sur la pente inclinée, où nous avons laissé madame, si sa droite est moins élevée que sa gauche,
c'est naturellement la *passe des garçons* qui se
présente à monsieur. Dans la position contraire,
c'est la *passe des filles*.

En d'autres termes et pour parler plus claire-
ment, si, dans le lit conjugal, le mari occupe habi-

tuellement la droite, comme à la promenade, à l'église, à table, avec la femme à sa gauche, leur progéniture sera toute masculine, tant qu'ils ne changeront pas de place, et s'ils en changent..... alors le résultat sera différent.

VII

PREUVES.

—

Une théorie qui ne s'appuie pas sur l'expérience peut bien séduire quelques esprits aventureux et faire des prosélytes ; mais elle tombera bientôt dans l'oubli comme le fourriérisme, le saint-simonisme, le cabetisme.

La théorie que je viens d'exposer avec toutes les circonlocutions que le sujet exige, n'est pas neuve. Je l'ai trouvée dans un vieux livre qui est sans doute parfaitement inconnu aujourd'hui, et que, d'ailleurs, on ne pourrait pas reproduire textuelle-ment, car l'auteur dit trop crûment les choses.

J'étais alors marié depuis quatre ans, et le bon Dieu m'avait donné deux garçons. Ma femme et moi, nous avions un grand désir qu'il nous fît encore cadeau d'une fille ; mais on se rend parfois importun en voulant trop avoir, et nous renfermions ce désir dans le secret de notre intimité.

Cependant, la découverte de ce livre en question m'arriva comme une réponse à la demande que je n'osais pas faire :

Aide-toi, le Ciel t'aidera.

Cette maxime est de tous les temps et s'applique à tout.

Je me mis donc à expérimenter la méthode qui m'était indiquée si à-propos. Je devais d'autant plus y avoir confiance qu'elle était pleinement confirmée par la naissance de mes deux fils. Je n'eus simplement qu'à changer de place avec ma femme dans la couche nuptiale. Au lieu de me donner la

droite, elle me présenta la gauche. A l'expiration
du temps voulu, il nous arriva une jolie petite fille.
Jugez de notre bonheur ! Ce résultat obtenu, nous
reprîmes nos anciennes places, et mon quatrième
enfant fut un garçon.

L'épreuve était on ne peut plus concluante. Je
fis part de ma recette à différentes personnes, qui
s'en servirent avec le même succès que moi. Bien
mieux : Apprenant un jour que Sa Majesté la
reine Victoria venait de mettre au monde son premier enfant, et que cette petite Altesse, au grand
désappointement de toute l'Angleterre, était une
fille, j'adressai aussitôt au prince Albert un mé-
moire très-détaillé et très-clair — entre hommes,
on peut tout se dire — dont l'époux de la Reine fit
probablement son profit ; car, moins d'un an après
cette communication officieuse, la naissance du
prince de Galles, aujourd'hui héritier présomptif
du royaume-uni de la Grande-Bretagne, vint con-
firmer mes démonstrations, et depuis, la nom-

breuse lignée de cette illustre souveraine, émaillée
de princes et de princesses en nombre à peu près
égal, a prouvé au monde que mon royal élève était
devenu aussi savant sur ce point que son humble
professeur.

Je dois avouer que le prince Albert se montra
fort peu reconnaissant du service que je lui avais
rendu ; car il ne me fit pas même écrire une lettre
de remerciement par son secrétaire. — Il avait
peut-être perdu mon adresse.

Si j'avais tenu note de toutes les consultations
gratuites que j'ai ainsi répandues, en France et à
l'étranger, je pourrais en composer un gros volume
et dire parfois : Vous voyez ce personnage important, ce haut fonctionnaire : eh bien ! c'est moi qui
l'ai fait faire ce qu'il est.

VIII

AUX INCRÉDULES.

—

En publiant cet opuscule, je m'attends bien à des contradictions, à des dénégations. Elles ne me détourneront pas de mon but qui est de vulgariser une science destinée à faire LA JOIE DES JEUNES MÉNAGES, sans en exclure les ménages plus avancés dans la carrière, qui, jusqu'à présent, ont travaillé en aveugles.

Parmi les plus incrédules, il faut compter d'abord les médecins. Tout ce qui ne vient pas d'eux est mauvais ou ridicule. J'ai plusieurs fois essayé de provoquer avec ces messieurs une discussion sérieuse sur ma méthode; ils se contentèrent de hausser les épaules et ne m'opposèrent aucun argument qui eût la moindre valeur. Je renonçai bien vite à convertir des adversaires systématiquement hostiles à une idée qu'ils ne voulaient pas comprendre.

Maintenant, c'est à tout le public que je m'adresse; aux plus grands comme aux plus humbles, aux savants de bonne foi comme aux pauvres ignorants à qui l'on ne s'est pas donné la peine d'apprendre à lire.

Les instructions que je donne sont à la portée de tous, et tous peuvent en faire l'épreuve.....

Mais c'est surtout à ces jeunes couples dont quelques années de mariage n'ont point refroidi les ardeurs mutuelles et qui, s'imprégnant chaque jour davantage de l'esprit de famille, cherchent cependant à coordonner les éléments de leur bonheur que mes conseils peuvent être utiles.

J'ai connu un négociant, jouissant d'une belle position de fortune et d'une réputation de probité qui le plaçaient au premier rang parmi ses collègues. Il avait une épouse belle, sage et d'une amabilité charmante ; mais il y avait une tache dans son soleil : il avait sept filles et point de garçon, — absolument comme l'ogre dans le conte du *Petit Poucet.*

Je lui dis un jour : « Mon cher monsieur, je ne
» suis jamais entré chez vous ; je ne sais pas où
» est situé votre appartement ; mais je suis certain
» d'une chose, c'est que, lorsque vous vous mettez
» au lit, votre femme se place à votre droite et que,
» par conséquent, vous vous trouvez à sa gauche ».

Il réfléchit un moment, et me dit ensuite :

— « C'est vrai. Nous avons pris cette habitude
» dès le commencement de notre mariage ».

— « Eh bien ! changez de place, et votre hui-
» tième enfant sera un garçon ».

Il profita dè cet avis, et ma prédiction se réalisa.

Cent fois je renouvelai cette épreuve, et, à présent, je puis dire sans me tromper, même à ceux qui ont des enfants de différents sexes : à telle époque, vous vous couchiez de telle manière ; à telle autre, vous aviez changé de position.

Des incrédules m'objectèrent pourtant que, dans un certain monde, les époux occupent des appartements séparés. — Soit ; mais ils se réunissent parfois pour *causer* avant de s'endormir, et il leur est d'autant plus facile de choisir le coteau du lit le plus favorable à la circonstance.

Enfin, dernière objection :

Si, à l'approche de monsieur, madame se plaçait au fond de la vallée, c'est-à-dire juste au milieu du lit, qu'arriverait-il ?

Parbleu ! ce qui arrive à un navire qui, voulant

entrer dans le port de Dunkerque, manque également la passe de droite et la passe de gauche : il
échoue sur le banc de sable qui se trouve entre
les deux passes

Roubaix, Imp. A. LESGUILLON.

www.ingramcontent.com/pod-product-compliance
Lightning Source LLC
Chambersburg PA
CBHW050535210326
41520CB00012B/2585